AF459608

NOUVELLE MÉTHODE CALQUÉE SUR CELLE DE TOURNEFORT,

D'après laquelle sont rangées les Plantes de l'Ecole de Pharmacie de Paris.

Par M. GUIART,

Professeur à l'École de Pharmacie de Paris, Membre Honoraire de l'Académie Royale de Médecine, Correspondant de la Société libre des Sciences et Arts de Liége, Membre de la Société de Pharmacie de Paris, etc.

PARIS,

Chez le CONCIERGE de l'École de Pharmacie, rue de l'Arbalète.

1823.

De l'Imprimerie de COUTURIER, rue de la Montagne Ste. Genev.

NOUVELLE MÉTHODE

CALQUÉE SUR CELLE DE TOURNEFORT,

D'après laquelle sont rangées les Plantes de l'Ecole de Pharmacie de Paris.

DEPUIS la publication de la Classification Végétale dans laquelle nous avons fait connoître les changemens que nous avons cru devoir apporter à la méthode de Tournefort, pour la mettre autant que possible au niveau des connoissances acquises en botanique sur la physiologie végétale, sur l'étude approfondie des rapports qui existent entre les organes des plantes, et d'après la découverte d'un grand nombre de végétaux décrits par les botanistes modernes; nous nous sommes constamment occupés à chercher les moyens de perfectionner cette nouvelle méthode, soit en faisant de nouvelles divisions, soit à l'aide de quelques transpositions; c'est le résultat de nos recherches que nous présentons aujourd'hui.

Nous avons été des premiers à faire connoître dans nos cours publics la différence d'organisation qui existe entre les plantes dicotylédonées, mono, et acotylédonées, en comparant leur racine, leur tige, leurs feuilles, leurs fleurs, leurs fruits et leurs graines, au moment où nous nous occupions de la description de ces organes en particulier.

On ne peut se refuser à croire que ce soit un moyen très-précieux de reconnoître les végétaux entr'eux, et on ne peut pas faire de grands progrès dans la classification végétale, si l'on ne saisit pas bien les caractères qui distinguent ces trois grouppes de plantes ; aussi, dans notre nouvelle méthode, nous nous sommes déterminés à adopter ces trois grandes divisions, en commençant par les plantes dicotylédonées, comme étant les plus complettes dans leur organisation. Viennent ensuite les monocotylédonées, et nous finissons par les plantes acotylédonées.

La nouvelle méthode est toujours composée de seize classes; la première division, plantes dicotylédonées, se trouve comprise dans les treize premières classes; les caractères principaux qui distinguent les plantes dycotylédonées, sont: 1°. Dans la présence de deux cotylédons pour chaque graine, dans la germination qui développe deux feuilles séminales toujours opposées et différentes de celles de la plante. On remarque même dans la famille des conifères que leurs graines paroissent contenir plus de deux cotylédons : aussi quelques auteurs admettent la division des polycotylédonées.

2°. Dans l'organisation interne de leur tige où l'on remarque plusieurs couches appliquées l'une sur l'autre, toutes les plantes dicotylédonées sont pourvues de deux organisations, l'une cellulaire, l'autre tubulaire, et la direction de leurs vaisseaux se fait en tous sens, de la base au sommet, et du centre à la circonférence.

3°. Dans leurs feuilles dont les nervures sont compliquées et se dirigent dans tous les sens, ce qui occasionne cette grande quantité de feuilles très-différentes les unes des autres.

4°. Dans leurs fleurs dont le plus grand nombre est considéré comme fleurs complettes, c'est-à-dire munies des deux enveloppes florales, calyce et corolle.

Dans la première division des plantes dicotylédonées, nous avons cherché à nous rapprocher le plus possible de la méthode de Tournefort, en adoptant les caractères établis sur la corolle qui peut être monopétale ou polypétale, régulière ou irrégulière, en observant que les fleurs à corolle monopétale peuvent être simples ou composées.

Les trois premières classes renferment toutes les plantes à corolle monopétale, fleurs simples; on entend par fleur simple, une fleur portée seule sur un réceptacle.

Iere. CLASSE.

Les Monopétales régulières.

Cette classe n'a subi aucun changement, on peut y rapporter toutes les plantes à corolle monopétale régulière et à fleurs simples; elle comprend les deux premières de la méthode de Tournefort, les *campaniformes* et les *infundibuliformes*. Ainsi toutes plantes dont la corolle est en cloche, en grelot, en entonnoir, en soucoupe ou en roue, sont placées dans la première classe. Nous évitons, par ce moyen, les différences mal déterminées qui peuvent exister entre les formes de ces corolles.

Pour faciliter la recherche des végétaux que renferme cette classe, nous l'avons partagée en trois ordres, fondés sur l'insertion de la corolle monopétale dont le caractère naturel est toujours de supporter les étamines. Ce caractère peut s'appliquer à toutes les classes à corolle monopétale, régulière ou irrégulière.

1er. ordre. Corolle monopétale régulière, insérée sous l'ovaire. *Ex.* La belladone, la bourrache, le liseron.

2°. ordre. Corolle monopétale régulière, attachée au calyce. *Ex.* La bruyère, la campanule.

3°. ordre. Corolle monopétale régulière, placée sur l'ovaire. *Ex.* La scabieuse, la valériane, la garence, le chèvrefeuille.

Chaque ordre se trouve divisé en familles naturelles, cette distribution est simple, et sans avoir égard à la forme de la corolle, pourvu qu'elle soit monopétale régulière, on pourra rapporter à cette classe toutes plantes qui lui appartiennent.

IIe. CLASSE.

Les Labiées.

Les caractères qui distinguent cette belle famille naturelle, sont très-nombreux et faciles à saisir; c'est la première classe naturelle établie par Tournefort.

Les caractères sont, 1°. *Germination.* Endosperme nul, embryon droit, cotylédons planes.

2°. *Végétation.* Racine généralement fibreuse, tige tétragone, herbacée, rarement ligneuse, rameaux opposés, feuilles simples et opposées, fleurs simples ou solitaires et axillaires, ou verticillées, ou paniculées, ou en épis ou en tête terminale, accompagnées le plus souvent de bractées ou feuilles florales.

3°. *Fructification.* Calyce monosépale, ou à deux lèvres, à cinq ou dix divisions dans son limbe, corolle monopétale, tubuleuse, irrégulière, présentant le plus souvent deux lèvres ouvertes; corolle insérée sous l'ovaire, renfermant quatre étamines, dont deux plus courtes, ou deux étamines fertiles, et deux qui avortent; ovaire quadrilobé, un style, deux stigmates, quatre fruits monospermes placés au fond du calyce.

IIIe. CLASSE.

Les Personnées.

Ce sont des plantes dont les fleurs sont simples, à corolle monopétale irrégulière comme dans les labiées, mais ces végétaux ne présentent point les caractères essentiels des labiées, ils ont le plus ordinairement, 1°. un ovaire entier; 2°. un fruit capsulaire à deux loges et polyspermes.

Nous avons formé de cette classe, six familles, savoir : la 1ere. les *pyrénacées* qui ont beaucoup de rapport avec les labiées, et qui semblent n'en différer que par leurs fruits qui sont plus agglomérés et plus durs; la 2e. les *acanthacées;* la 3e. les *rhinanthacées;* la 4e. les *bignoniées;* la 5e. les *scrophulariées.* C'est pour ne pas faire un double emploi de nom , que nous avons préféré celui de scrophulariées à celui de personnées que Jussieu a donné à cette famille. La 6e. les *lobéliacées*, du genre *lobelia* dont plusieurs espèces sont énergiques, et peuvent être employées en pharmacie, ce genre a été placé dans les campanulacées ; mais il s'en éloigne par l'irrégularité de la corolle , et par les étamines qui sont réunies par les anthères. Ce dernier caractère amène naturellement aux plantes dont la corolle est encore monopétale régulière ou irrégulière, mais dont les fleurs sont composées à anthères réunies, ce qui constitue la grande famille des composées de Tournefort.

On entend par fleurs composées, une réunion de petites fleurettes sur un réceptacle commun ; il faut de plus que les étamines soient réunies par les anthères, cette réunion d'anthères détermine à placer la famille des dipsacées , le genre *globularia*, dans la première classe de la méthode, à raison de ce que les étamines sont distinctes.

Cette famille est si importante que nous croyons devoir décrire dans le plus grand détail les caractères à l'aide desquels on peut reconnoître les plantes qui appartiennent à ce groupe naturel.

1°. *Germination.* Graines sans endosperme, embryon droit, cotylédons planes.

2°. *Végétation.* Tiges herbacées, annuelles, bisannuelles ou vivaces, rarement ligneuses, feuilles entières ou découpées, le plus souvent alternes, et variant par leur forme sur la même plante.

3°. *Fructification.* Chaque fleurette offre 1°. Corolle monopétale placée sur l'ovaire à cinq dents, tantôt tubuleuse, tantôt fendue latéralement.

2°. Cinq étamines insérées au fond de la corolle, réunie par les anthères en forme de tube, les loges des anthères s'ouvrant en dedans.

3°. Un ovaire simple adhérent avec le calyce, un style, un ou deux stigmates.

4°. Le calyce propre est une membrane très-fine, adhérente avec l'ovaire, dont le limbe est quelquefois visible sous la forme de dents persistantes.

5°. Une seule graine pour chaque fleur dont le péricarpe prend le nom d'akène.

6°. Graines nues ou aigrettées ; aigrette sessile ou stipitée à poils simples ou rameux.

7°. Un calyce commun désigné également sous les noms d'involucre ou de périphorante, composé de folioles placées sur un ou plusieurs rangs, ou imbriquées.

8°. Un réceptacle nu ou garni de soies ou de paillettes, ou alvéolé.

Tournefort a divisé la famille des composées en trois classes, d'après la forme de la fleur, division que nous avons adoptée. 1°. Les semi-flosculeuses. 2°. Les flosculeuses. 3°. Les radiées.

Vaillant a établi également trois ordres d'après la disposition des fleurs : 1°. Les chicoracées. 2°. Les cynarocéphales. 3°. Les corymbifères.

Enfin les divisions de Linneus d'après le sexe des fleurs sont au nombre de cinq. 1°. Syngénésie-polygamie égale. 2°. Polygamie superflue. 3°. Polygamie frustranée. 4°. Polygamie nécessaire. 5°. Polygamie ségrégée ou séparée.

IVe. CLASSE.

Les Semi-Flosculeuses.

Ce sont des demi-fleurons à corolle, fendus latéralement, le tube très-court, tronqué dès sa naissance, et terminé par une languette déviée d'un seul côté.

Les plantes de cette classe sont en même temps chicoracées, et de la syngénésie-polygamie égale, c'est-à-dire fleurettes toutes hermaphrodites. Les tiges sont herbacées, les feuilles alternes, les fleurs jaunes, rarement bleues, souvent météoriques, enfin toutes les plantes contiennent un suc propre, lactescent et amer.

Vᵉ. CLASSE.

Les Flosculeuses.

Ce sont des fleurons à corolle tubulée, disposés en entonnoir, dont le limbe est terminé ordinairement par cinq dents; la tige est herbacée, quelquefois ligneuse, une partie des fleurs est disposée en tête d'artichaut, ou cynarocéphale, et une autre partie en corymbe ou corymbifère.

VIᵉ. CLASSE.

Les Radiées.

Fleurettes du centre flosculeuses, fleurettes de la circonférence semi-flosculeuses, elles sont toutes corymbifères.

Il résulte de ce nouvel arrangement, que les six premières classes de la nouvelle méthode sont toutes à corolle monopétale.

Nous commençons les corolles polypétales régulières par les caryophyllées qui forment une classe naturelle dans la méthode de Tournefort, et qui semblent se rapprocher des crucifères plus que toutes les autres classes, par leurs pétales onguiculés.

VIIe. CLASSE.

Les Caryophyllées.

Les caractères qui distinguent cette famille naturelle, sont : 1°. *Germination.* Endosperme farineux, embryon courbé ou roulé en spirale, entourant l'endosperme.

2°. *Végétation.* Tige herbacée, cylindrique, noueuse, et articulée, rameaux axillaires, opposés, naissans des nœuds de la tige, feuilles simples, entières, opposées et souvent connées, placées à chaque nœud des tiges et branches, nervures en apparence simples et parallèles, quoique réellement rameuses, fleurs axillaires, ou terminales, disposées souvent en corymbe.

3°. *Fructification.* Calyce persistant, cinq pétales onguiculés, alternes avec les divisions du calyce, ovaire simple, souvent pédicellé, plusieurs styles et stigmates, capsule à une ou plusieurs loges, polysperme, s'ouvrant au sommet en plusieurs valves.

Deux sections dans les caryophyllées.

1ere. Les vraies caryophyllées, calyce tubuleux, monosépale, à quatre ou cinq dents peu profondes, dix étamines, graines attachées à un placenta central qui s'élève du milieu de la capsule.

2e. *Les Alsinées.* Calyce à quatre ou cinq folioles, à quatre ou cinq divisions, moins de dix étamines, graines attachées au fond de la capsule.

VIIIe. CLASSE.

Les Crucifères.

Cette classe de Tournefort constitue une famille naturelle dont les caractères sont: 1°. *Germination.* Point d'endosperme, embryon courbé, feuilles séminales échancrées au sommet, rarement découpées.

2°. *Végétation.* Tige herbacée, annuelle, bisannuelle ou vivace, racine souvent charnue, feuilles alternes entières ou fortement découpées, variant par leur forme souvent sur la même plante, poils rameux ou rayonnans, fleurs disposées en grappes d'abord serrées, et s'alongeant par la suite.

3°. *Fructification.* Calyce tétrasépale, folioles oblongues, concaves, tombantes, lâches ou serrées, deux de ces folioles souvent bosselées à la base, quatre pétales onguiculés portés sur un disque hypogyne, six étamines dont deux plus courtes insérées avec les pétales, ovaire simple et libre, porté sur le disque souvent muni à sa base de deux ou quatre glandes, un style, stigmate souvent sessile et persistant, simple ou à deux lobes, fruit silique ou silicule.

Les crucifères sont encore remarquables par leurs propriétés, elles contiennent de l'azote et passent facilement à la fermentation putride. Elles ont une saveur âcre, piquante, et une odeur forte, elles produisent du soufre, de l'amidon, de l'huile essentielle logée soit dans les racines, soit dans les feuilles, soit dans les tuniques des graines, et enfin de l'huile fixe dans les cotylédons.

Parmi tous les végétaux dont les fleurs sont à corolle polypétale régulière, nous avons toujours trouvé beaucoup de difficultés à séparer ceux qui doivent constituer les rosacées de Tournefort, cependant nous avons formé, à l'aide de ces végétaux, notre neuvième classe.

IXe. CLASSE.

Les Rosacées.

Ce sont toutes plantes dont les corolles sont polypétales régulières, mais dont le nombre des pétales n'est point fixe, ces plantes ne présentent aucun des caractères qui distinguent les deux classes précédentes. Elles ont en général un grand nombre d'étamines, nous avons établi deux ordres fondés sur l'insertion des étamines.

1er. ordre. Étamines insérées sous l'ovaire.

2e. ordre. Étamines rangées autour de l'ovaire ou attachées au calyce.

Dans ce second ordre se trouve la famille des rosacées de Jussieu, et pour ne pas répéter deux fois le nom de rosacées, nous avons divisé cette famille en cinq grouppes naturels, savoir :

1°. *La famille des Pommacées.*

Arbres ou arbrisseaux à feuilles alternes, simples et rarement composées, fleurs le plus souvent disposées en corymbe, calyce monosépale, à cinq divisions profondes, cinq pétales égaux attachés au haut du calyce, étamines nombreuses placées sur le calyce au-dessous des pétales, ovaire simple, adhérent au calyce, plusieurs styles, pomme ombiliquée et couronnée par les lobes du calyce.

2°. *La famille des Rosiers.*

Tous arbrisseaux munis le plus souvent d'aiguillons dont les feuilles sont alternes et ailées, à stipules placées sur le pétiole commun.

Plusieurs

Plusieurs ovaires monospermes, surmontés d'autant de style et stigmate, recouverts par le calyce, en forme de godet, et resserré à son orifice ; les fruits peuvent être considérés comme des cariopses renfermés dans un calyce persistant qui devient charnu, mou par la maturité.

3°. *La famille des Potentillées.*

Ce sont des herbes et rarement des sous-arbrisseaux dont les feuilles sont alternes, stipulacées, le plus souvent composées ; le calyce est monosépale, persistant, de cinq à dix divisions, les étamines sont au nombre de douze à vingt et plus, insérées sur le calyce, ovaires monospermes, libres et nombreux, rarement deux, portés sur un réceptacle commun, fruits variables. Toutes les plantes de cette famille ont une saveur astringente très-prononcée.

4°. *La famille des Spirées.*

Elle renferme le seul genre *spirœa* dont les espèces sont à tige herbacée ou ligneuse, à feuilles simples ou composées, à fleurs petites, blanches et nombreuses. Le calyce est monosépale, à cinq divisions ; les étamines sont en grand nombre attachées au calyce, les ovaires sont libres, en nombre fixe, autant de capsules renfermant une ou plusieurs graines ; ces plantes jouissent également d'une saveur astringente.

5°. *La famille des Drupacées.*

Le nom est tiré du fruit drupe, appelé vulgairement fruit à noyau ; ce sont tous arbres dont les feuilles sont simples, alternes, stipulacées, munies à leur base de glandes ou sur leur pétiole, le calyce est caduc, monosépale, à cinq divisions, les étamines sont en nombre indéterminé, attachées au haut du calyce ; un seul ovaire, style et stigmate.

X^e. CLASSE.

Les Rosacées a fleurs disposées en ombelles.

Cette dixième classe comprend toutes les plantes à corolle polypétale régulière, dont les fleurs sont disposées en ombelle. Elle renferme deux familles, les aralies et les ombellifères qui se distinguent essentiellement par l'insertion de leurs étamines, qui a lieu sur l'ovaire.

Comme la famille des ombellifères forme une classe naturelle dans la méthode de Tournefort, nous allons donner tous les caractères qui distinguent cette famille.

1°. *Germination.* Embryon très-petit, endosperme ligneux.

2°. *Végétation.* Plante herbacée, annuelle, bisannuelle ou vivace, rarement ligneuse, tige striée ou cannelée, creuse dans son intérieur, ou remplie de moelle, feuilles toujours alternes, simples ou composées, pétioles dilatés à leur base et engaînant la tige, gaîne appelée *Pericladium.*

Ombelles et ombellules, involucres et involucelles.

Fructification. 1°. Calyce adhérent, entier ou à cinq dents, ou à peine visible.

2°. Cinq pétales égaux ou inégaux, échancrés ou fléchis en forme de cœur, insérés sur l'ovaire ou sur le disque qui recouvre l'ovaire.

3°. Cinq étamines alternes avec les pétales, et insérées avec eux.

4°. Ovaire simple et adhérent, deux styles ordinairement persistans sur le disque et divergens après la floraison.

5°. Deux akènes ou deux graines entourées du calyce, appliquées l'une contre l'autre, se séparant ensuite, et restant suspendues par le haut au sommet d'un axe central, filiforme.

Les ombellifères ont des propriétés très-différentes les unes des autres; on trouve des plantes vénéneuses, alimentaires et médicinales,

les racines sont apéritives et aromatiques, les graines chaudes et carminatives, contenant dans leurs tuniques de l'huile essentielle.

Nous avons réuni dans la onzième classe toutes les plantes à corolle polypétale irrégulière, et nous lui avons donné le nom de polypétales irrégulières.

XIe. CLASSE.

Les Polypétales irrégulières.

Cette classe est divisée en six grouppes naturels, savoir :

1°. *La famille des Delphiniées.*

Elle est extraite des renonculacées de Jussieu; elle renferme toutes plantes herbacées à feuilles alternes sans stipules, rarement simples, la corolle est très-irrégulière, variable par sa forme, les étamines sont nombreuses, insérées sur un réceptacle, les ovaires sont en nombre fixe, et attachés à un réceptacle commun et central; les fruits, qui sont en même nombre que les ovaires, doivent être considérés comme des follicules polyspermes.

Toutes les plantes de cette famille sont vénéneuses et jouissent de propriétés très-énergiques.

2°. *La famille des Résédacées.*

Elle ne comprend que le seul genre *reseda* que Jussieu a placé dans les capparidées; mais d'après l'observation de Lamarck, ce genre se rapproche plus de la famille des violacées; les espèces sont herbacées, à feuilles alternes, entières ou pinnatifides, le calyce est à quatre ou six parties persistantes, quatre ou six pétales irréguliers; les étamines sont au nombre de dix à vingt, un seul ovaire surmonté de plusieurs styles; le fruit est une capsule anguleuse à une seule loge, polysperme, s'ouvrant au sommet par un seul trou; les graines n'ont point d'endosperme et sont attachées à des placenta latéraux.

3°. *La famille des Violacées.*

Elle forme un groupe de plantes très-distinctes par l'irrégularité de leur corolle, par leur fleur terminée par un éperon, par leurs étamines le plus souvent réunies par les anthères, et par leur fruit capsulaire et anguleux, se séparant ordinairement en plusieurs valves; les tiges sont herbacées, à feuilles alternes. A l'exemple de Tournefort, nous avons placé à côte des violettes les genres *impatiens* et *tropæolum*, dont les fleurs sont irrégulières et éperonnées; dans le premier genre les étamines sont soudées par leurs anthères, comme dans les violettes.

4°. *La famille des Fumariées.*

Ce sont des herbes d'une saveur amère, dont les feuilles sont alternes, profondément découpées, comme surcomposées, les fleurs sont disposées en grappes, munies chacune de quatre pétales irréguliers ressemblant assez à la corolle des papillonacées; les étamines sont diadelphes et le fruit variable, ce qui est cause qu'on a formé deux genres, le premier appelé *corydalis*, dont le fruit est une capsule en forme de silique, comme dans les chélidoines; et le second, *fumaria*, dont le fruit ressemble à une petite noix sphérique, monosperme.

Les fumariées ont été rangées avec les papavéracées; mais, d'après l'inspection de leurs organes, on voit que ces plantes sont très-éloignées de ressembler aux papavéracées, elles forment entr'elles un groupe qui se rapproche un peu plus des papillonacées.

5°. *La famille des Polygalées.*

Elle renferme presque tous végétaux exotiques; ceux qui sont indigènes se reconnoissent par leurs racines petites, fibreuses, d'une saveur amère, aromatique ; par leur tige herbacée, par leurs feuilles simples et alternes ; les fleurs sont irrégulières, profondément découpées, représentant une corolle papillonacée, les étamines sont diadelphes : la réunion des étamines par les filamens ne seroit-elle pas la cause de la soudure des deux lèvres de la corolle à sa base, ce qui fait qu'elle a été considérée comme une corolle monopétale? Le fruit est une capsule comprimée, ovale ou en forme de cœur renversé. Ce caractère pris dans la capsule a fait placer le genre *polygala* à côté des véroniques; mais nous croyons que la forme de la corolle, la réunion des étamines par les filamens peuvent déterminer à ranger ces plantes à côté des papillonacées.

6°. *La famille des Légumineuses.*

Le nom donné à cette grande famille provient de son péricarpe que l'on appelle gousse ou légume, et malgré les différences que présente son organisation, tous les botanistes ont donné la préférence à cette dénomination plutôt qu'à celle tirée de la forme des fleurs. Nous avons divisé cette famille en deux sections : la 1.ere, les légumineuses à fleurs régulières ; la 2e., les légumineuses à fleurs papillonacées.

Comme les papillonacées forment une classe naturelle dans la méthode de Tournefort, nous allons donner les caractères particuliers qui la distinguent.

1°. *Germination.* Point d'endosperme, radicule courbée sur deux lobes épais et charnus.

2°. *Végétation.* Racine très-longue, traçante, amilacée, et souvent sucrée, herbes, arbres et arbrisseaux, feuilles rarement simples, presque toujours ailées, avec ou sans impaire, triphylles ou digitées, deux stipules tantôt libres, tantôt adhérentes au pétiole.

3°. *Fructification.* 1°. Calyce monosépale en cloche ou en tube à cinq divisions. 2°. Corolle papillonacée, à quatre ou cinq pétales, le supérieur s'appelle étendard; l'inférieur, carène; les deux latéraux, ailes; quand la carène est d'une seule pièce, la corolle est à quatre pétales, et quand la carène est fendue, il se trouve cinq pétales, les pétales attachés au fond du calyce. 3°. Les étamines insérées au-dessous des pétales au nombre de dix, réunies par les filamens en un seul corps ou en deux. 4°. Ovaire simple, libre, souvent pédicellé, un style courbé du côté de l'étendard, un stigmate. 5°. Gousse ou légume variant dans son intérieur, graines toujours attachées sur une seule suture, solitaires ou nombreuses, arrondies ou en rein, fortement ombiliquées.

Les papillonacées sont remarquables par leurs propriétés, racines amilacées et sucrées, herbes et feuilles servant de fourrage, fruits et graines employés comme aliment, ces graines sont farineuses sans gluten.

Tous les végétaux à corolle polypétale peuvent être rangés dans les cinq dernières classes que nous venons de présenter, quatre pour les corolles polypétales régulières, et à la cinquième ou onzième classe de la méthode, on rapportera toutes les plantes à corolle polypétale irrégulière.

Parmi les caractères qui distinguent ces classes, on a pu remarquer qu'on pouvoit en outre se servir de l'insertion des pétales et des étamines : dans la onzième classe on peut également établir deux ordres, les cinq premiers grouppes ont leurs étamines placées sous l'ovaire ; dans les légumineuses seulement les pétales et les étamines sont attachés au calyce.

Les deux dernières classes des plantes dicotylédonées ont des fleurs sans corolle, caractère que Tournefort a désigné sous le nom d'apétale ; nous en avons formé deux classes d'après le sexe des fleurs, savoir :

XIIe. CLASSE.

Les Apétales a fleurs hermaphrodites.

La seule enveloppe florale qui existe dans les apétales, doit être considérée comme un véritable calyce, qui peut être régulier ou irrégulier, d'une seule pièce ou de plusieurs; sa couleur est presque toujours verte, sa durée se prolonge beaucoup plus que celle d'une corolle, elle est quelquefois telle que ce calyce accompagne la graine, et devient très-souvent le péricarpe de la graine; nous n'avons fait aucun changement dans la douzième classe.

Elle est susceptible d'être partagée en trois ordres.

1er. ordre. Etamines insérées sur l'ovaire.

2e. ordre. Etamines attachées au calyce.

3e. ordre. Etamines placées sous l'ovaire.

XIIIe. CLASSE.

Les Apétales a fleurs unisexuelles.

Nous avons rapporté à la treizième classe tous les végétaux herbacés ou ligneux dont les fleurs sont apétales, d'un seul sexe, et rarement hermaphrodites. Cette classe se compose de cinq familles comme dans la quinzième classe de la méthode de Jussieu; savoir: les cucurbitacées, les euphorbiacées, les urticées, les amentacées et les conifères. Par ce nouvel arrangement nous évitons de nous servir deux fois du terme amentacées, pour désigner la classe de Tournefort, et la famille de Jussieu.

On pourra nous faire un reproche d'avoir placé ici les cucurbitacées, à l'exemple de Jussieu; mais nous nous sommes décidés à cette transposition, 1°. Parce que l'enveloppe florale considérée par Tournefort comme une corolle monopétale, devient marcescente, qu'elle persiste à la manière d'un calyce, que l'enveloppe la plus externe doit être envisagée comme des bractées ou feuilles florales qui accompagnent la fleur, en font partie, tombent avec elle, et par chûte laissent le péricarpe à nu: 2°. Parce que les fleurs étant d'un seul sexe, formeroient une exception dans nos trois premières classes, dont les fleurs sont toutes hermaphrodites.

Comme les amentacées et les conifères constituent une classe naturelle dans la méthode de Tournefort, nous allons donner les caractères qui distinguent ces deux familles, en commençant par les amentacées.

1°. *Germination.* Endosperme nul, embryon droit.

2°. *Végétation.* Tous arbres rarement résineux, écorce épaisse, rugueuse, feuilles alternes, stipulacées, deux stipules axillaires, caduques ou persistantes, boutons côniques et écailleux.

3°. *Fructification.* Fleurs mâles, disposées en chatons composés seulement d'écailles portant les étamines, ou bien de calyce monosépale, portant écailles et étamines, nombre variable d'étamines, anthères à deux loges.

Fleurs femelles ou solitaires, ou en faisceaux ou en chaton, ayant une simple écaille, ou un vrai calyce, ovaire presque toujours libre, plusieurs stigmates, péricarpe osseux ou membraneux, à une ou plusieurs loges, à une ou plusieurs graines, et en nombre égal à celui des ovaires.

Les conifères se reconnoissent, 1°. *Germination.* Embryon cylindrique au centre d'un endosperme charnu, cotylédons se divisant en plusieurs lanières, les polycotylédons.

2°. *Végétation.* Arbres ou arbrisseaux dont le suc propre est le plus souvent résineux, et les feuilles acéreuses et persistantes, fleurs monoïques ou dioïques.

3°. *Fructification.* Fleurs mâles, disposées en chatons, munies chacune d'une écaille et souvent d'un calyce, étamines distinctes ou monadelphes, en nombre déterminé ou indéterminé, placées ou sur le calyce, ou sur l'écaille.

Fleurs femelles ou solitaires, ou rapprochées en tête, ou disposées en cône formé d'écailles serrées, nombreuses et imbriquées, calyce monosépale, ou une simple écaille, ovaire simple, double ou multiple, stigmate en nombre égal à celui des ovaires sessiles ou portés sur un style. Le fruit est un cône, ou réunion sur un axe commun de petits fruits imbriqués, monospermes, quelquefois charnus, plus souvent membraneux ou osseux.

Nous croyons devoir faire observer que dans les plantes dicotylédonées, nous avons cherché à employer les divisions que Tournefort avoit adoptés dans sa méthode, afin de faire valoir sa distribution dont la simplicité peut faciliter beaucoup l'étude des plantes.

Il n'en sera pas de même des mono et acotylédonées, pour les ranger. Nous avons été obligés de nous écarter entièrement de la méthode de Tournefort; ce célèbre botaniste français, que l'on regarde avec raison comme le père de la botanique, a applani les difficultés pour arriver à l'étude des végétaux, et a préparé la révolution qui devoit s'opérer par le génie de Linneus, et par les nouvelles connoissances acquises sur l'organisation interne des végétaux ; mais toutes les découvertes modernes n'ayant été bien constatées qu'après la mort de Tournefort, lequel a été enlevé aux sciences naturelles dans la force de l'âge par un fatal accident, ce savant botaniste n'a pu perfectionner sa méthode ; il en est résulté que les graminées sont restées avec les apétales, les liliacées avec les corolles polypétales régulières, et les orchidées à côté de la violette, de l'aloës et de la capucine. Il étoit donc essentiel, d'après les caractères bien connus des monocotylédonées, de les réunir toutes ensemble.

Ces caractères principaux sont : 1°. Dans la présence d'un seul cotylédon pour chaque graine, dans la germination qui ne développe qu'une seule feuille séminale placée latéralement.

2°. Dans l'organisation interne de leur tige, elle est composée des deux organisations cellulaires et tubulaires, comme dans les dicotylédonées. Mais la direction des vaisseaux se fait seulement de la base au sommet ; on ne trouve plus de couches concentriques, de radiations médullaires, ni de canal médullaire, la partie la plus dure est à l'extérieur, toute la tige est formée de longs filets ligneux, de moelle disséminée entre les fibres dont les plus internes sont les plus jeunes, les plus molles et les plus flexibles, et dont les plus externes sont les plus anciennes et les plus ligneuses.

3°. Dans leurs feuilles dont les nervures sont simples et rangées longitudinalement à côté les unes des autres, aussi il existe peu de différence dans leurs feuilles.

4°. Dans les fleurs qui sont presque toutes incomplettes, c'est-à-dire, munies d'une seule enveloppe florale.

Dans les monocotylédonées, nous avons formé deux classes très-distinctes l'une de l'autre, et par conséquent il est impossible de les confondre, pour peu qu'on étudie leurs caractères.

XIV°. CLASSE,

PREMIÈRE DES MONOCOTYLÉDONÉES.

Les Glumacées.

Fleurs composées d'un ou de deux rangs d'écailles un peu foliacées, qui tiennent lieu d'enveloppe florale, et à laquelle on a donné le nom de glume, étamines insérées sous l'ovaire, une seule semence pour chaque fleur, tige herbacée, feuilles alternes, engaînantes.

Cette classe renferme trois familles, les thyphacées, les cypéracées, et les graminées.

Comme cette dernière famille a été citée dans la méthode de Tournefort, nous allons donner les caractères qui la distinguent, pour faire voir combien il étoit important de la séparer des apétales.

1°. *Germination.* Embryon très-petit, endosperme farineux.

2°. *Végétation.* Racine fibreuse, rampante et stolonifère, tige *chaume,* feuilles alternes, engaînantes, à gaîne fendue, membraneuse, et quelquefois garnie de poils, nervures simples, limbe entier et étalé.

Fleurs disposées en épis ou en panicule, variant dans son développement, hermaphrodites, rarement unisexuelles ou stériles.

3°. *Fructification.* Ecailles un peu foliacées, disposées sur un ou plusieurs rangs; l'enveloppe extérieure s'appelle glume, et est composée de deux valves opposées, renfermant une ou plusieurs fleurs appelées épillets. L'enveloppe interne est connue sous le nom de bâle, et ne renferme qu'une seule fleur ayant également deux valves, les valves mutiques, ou surmontées d'une ou de plusieurs arêtes.

Deux, trois ou six étamines, anthères oblongues, fourchues aux deux extrémités, et vacillantes; ovaire unique, libre, un style, deux

stigmates

stigmates plumeux , une seule graine , ou *cariopse* nue, ou recouverte par la bâle.

Les graminées sont très-utiles pour la nourriture de l'homme et des animaux, ces plantes fournissent du mucoso-sucré, de l'amidon et du gluten.

XVe. CLASSE,

DEUXIÈME DES MONOCOTYLÉDONÉES.

Les Périgonées.

Le nouveau terme de périgone, que nous introduisons dans notre classification, vient de M. Decandole. Ce botaniste distingué s'est servi le premier du terme de périgone, pour désigner principalement les fleurs incomplettes, c'est-à-dire celles qui n'ont qu'une seule enveloppe florale ; il considère, en outre, le périgone comme une soudure naturelle du calyce et de la corolle.

En nous servant de cette expression pour désigner les périgonées, nous reconnoissons pour caractères essentiels, 1°. Que cette enveloppe florale est presque toujours colorée et même ornée des plus belles couleurs, ce qui fait que Tournefort l'a prise pour une corolle, excepté cependant dans les joncées où elle ressemble à une glume.

2°. Qu'elle peut être d'une seule pièce, ou en avoir six, régulière ou irrégulière; quand elle est d'une seule pièce, c'est-à-dire, soudée à la base, elle présente dans son limbe, ou six dents, ou six crénelures, ou six divisions plus ou moins profondes; si elle est composée de six pièces, ou ces pièces sont rangées sur un seul rang, ou disposées sur deux rangs, dont trois externes sont verdâtres, et trois internes plus colorées.

3°. Qu'elle est d'une consistance plus épaisse et plus ferme que le calyce des apétales.

4°. Que sa durée est plus longue que celle d'une corolle, mais jamais aussi longue que celle d'un calyce persistant.

5°. Qu'elle peut rester assez long-temps avec l'ovaire, mais qu'elle ne tient jamais lieu de péricarpe, et qu'elle n'en fait point partie.

Nous concluons donc que le périgone, tel que nous l'entendons, diffère du calyce des apétales des plantes dicotylédonées, 1°. parce qu'il n'est point destiné à faire partie du fruit.

2°. Parce qu'il persiste plus long-temps qu'une corolle, et jamais autant que le calyce des apétales.

3°. Parce que ses divisions sont toujours au nombre de six; si elles sont entières, elles peuvent être placées sur un ou sur deux rangs.

4°. Que le périgone est régulier dans la plupart des familles, et qu'il peut être irrégulier dans les iridées, les orchidées.

5°. Qu'il est le plus souvent très-coloré, ayant l'aspect d'une corolle.

La classe des périgonées est partagée en deux ordres : dans le premier, les étamines sont disposées autour de l'ovaire, et dans le second les étamines sont insérées sur l'ovaire.

Dans le premier ordre se trouve la famille des liliacées de Jussieu, qu'il ne faut pas confondre avec les liliacées de Tournefort, qui comprennent plusieurs autres grouppes. Pour cette raison, nous allons faire connoître les caractères qui appartiennent exclusivement à la famille naturelle de Jussieu.

Les liliacées de Jussieu se distinguent,

1°. *Germination.* Embryon droit ou courbé, endosperme charnu ou cartilagineux.

2°. *Végétation.* Tantôt racines fibreuses et tige allongée, cylindrique, chargée de feuilles alternes, tantôt une bulbe d'où sort une hampe.

3°. *Fructification.* Périgone brillant des plus belles couleurs, six étamines placées sur le réceptacle, ovaire simple et libre, style un ou nul, un stigmate ou trifide ou trilobé, capsule à trois valves, trois loges, graines rangées sur deux séries parallèles dans chaque loge.

1°. Les liliacées à périgone en six pièces distinctes, trois stigmates, graines planes.

2°. Les asphodélées, périgone soudé à la base, un stigmate, graines arrondies ou anguleuses.

XVIe. CLASSE.

Les Plantes Anomales.

Nous donnons le nom d'Anomales aux plantes dont les fleurs sont indistinctes, peu apparentes, les organes sexuels sont souvent mal déterminés et souvent invisibles, et dont l'organisation est ordinairement différente de celle des autres végétaux. Ces caractères d'exception ont empêché les botanistes de leur assigner une place qui les mettent en rapport avec les autres plantes; cette classe est divisée en deux ordres, savoir : Le premier ordre, plantes anomales monocotylédonées, telles sont les aroïdes, les nayades, les prèles, et les fougères. Comme cette dernière famille a été rangée par Tournefort dans sa seizième classe des herbes, la fructification étant disposée sur le dos des feuilles, ce qui fait que quelques botanistes lui ont donné le nom des plantes dorsifères, nous allons présenter les caractères qui distinguent cette singulière famille.

1°. *Germination.* Cotylédon latéral, étale, membraneux, large et réniforme, produisant une foliole verte, arrondie, sinuée et sans nervure.

2°. *Végétation.* Tige arborescente pour les fougères d'Amérique; cette tige est un vrai stipe, il y a long-temps que dans nos cours, nous avons fait remarquer la différence qu'on doit faire entre le stipe et le *frons*, différence qui se trouve consignée dans le *Philosophia botanica* de *Linnæus.* Nous croyons que les grandes fougères de nos climats ont également un stipe, mais qui n'a pu être développé par la chaleur, et qui est resté caché sous terre. On l'appelle communément racine de fougère; quelques tiges herbacées de fougères rampent sous terre, on les considère comme des rhizomes.

Les feuilles sont des *frons* ou rameaux à appendices foliacés dont les nervures portent les fructifications.

Feuilles alternes, rarement simples, le plus souvent pennées, diversement ramifiées et roulées en crosse avant leur développement.

3°. *Fructification.* On a donné différens noms aux organes qui accompagnent les graines de fougères, savoir : conceptacles, sores, induses, seminules, propagules.

Ce sont toujours des capsules ou coques très-petites, membraneuses ou crustacées, sessiles ou pédicellées, nues ou entourées par un anneau élastique, ou recouvertes d'un tégument et toujours grouppées de diverses manières.

Le second ordre, plantes anomales acotylédonées, renferme toutes les plantes de la troisième division, les acotylédonées ou les vrais cryptogames de Linnæus.

Les plantes de cette classe se distinguent des autres végétaux par leurs organes; les racines qui sont munies de pores radicaux à l'aide desquels les plantes tirent de la terre les sucs nourriciers dont elles ont besoin, sont pour celles-ci de simples griffes ou mains qui les tiennent attachées aux corps sur lesquels elles se fixent, sans paroître puiser aucune nourriture. Les tiges qui tendent ordinairement à s'élever vers le ciel sont dans ces végétaux ou nulles ou réduites à des expansions foliacées qui se confondent souvent avec les feuilles; leur organisation interne n'est qu'un tissu cellulaire; on n'y rencontre ni vaisseaux lymphatiques, ni vaisseaux propres, ni trachées.

Les feuilles qui sont destinées à exercer la double fonction de transpirer les liquides surabondans qui pourroient nuire à la végétation, et d'absorber dans l'atmosphère les sucs nécessaires à la nutrition, sont, dans ces plantes, privées de pores corticaux, et réduites à se remplir d'humidité à la faveur de cellules qui recouvrent leur superficie; lorsque l'humidité manque à ces végétaux, ils se dessèchent, se conservent très-long-temps, ils reprennent bientôt leur vigueur si on les met en contact avec l'eau. Leurs organes sexuels sont inconnus, ou mal déterminés dans la plupart; peut-être en sont-ils privés: les semences enfin auxquelles on a donné le nom de gongyles ne sont peut-être que des espèces de gemmes ou bourgeons qui servent seulement à faciliter leur propagation.

Ce dernier ordre est composé de sept familles, savoir: les lycopodiennes, les mousses, les hépatiques, les lichens, les hypoxylons, les champignons et les algues.

Telle est la nouvelle distribution des plantes du Jardin de l'Ecole de Pharmacie de Paris; nous n'avons pas la prétention de croire qu'elle est plus parfaite qu'une autre méthode, mais nous aurons rempli notre but, si nous parvenons à dissuader certaines personnes qui croyent que la méthode de Tournefort n'étoit point susceptible de modifications, et ne pouvoit point servir à classer et reconnoître les plantes.

TABLEAU

D'UNE NOUVELLE MÉTHODE, CALQUÉE SUR CELLE DE TOURNEFORT.

1ere. DIVISION. Plantes Dicotylédonées.	COROLLE Monopétale, Fleurs simples.	Régulière.	CLASSE Iere.	*Les Monopétales régulières.*
		Irrégulière.	CLASSE II.	*Les Labiées.*
			CLASSE III.	*Les Personnées.*
	COROLLE Monopétale, Fleurs composées, à anthères réunies.		CLASSE IV.	*Les Semi-Flosculeuses.*
			CLASSE V.	*Les Flosculeuses.*
			CLASSE VI.	*Les Radiées.*
	COROLLE Polypétale.	Régulière.	CLASSE VII.	*Les Caryophyllées.*
			CLASSE VIII.	*Les Crucifères.*
			CLASSE IX.	*Les Rosacées.*
			CLASSE X.	*Les Rosacées à fl. disposées en ombelles.*
		Irrégulière.	CLASSE XI.	*Les Polypétales irrégulières.*
	Fleurs sans corolle.		CLASSE XII.	*Les Apétales à fleurs hermaphrodites.*
			CLASSE XIII.	*Les Apétales à fleurs unisexuelles.*
2e. DIVISION. Plantes Monocotylédonées.	Fleurs sans corolle.		CLASSE XIV.	*Les Glumacées.*
			CLASSE XV.	*Les Périgonées.*
	Fleurs indistinctes, ou peu apparentes.		CLASSE XVI.	*Plantes Anomales.*
			1er. ORDRE.	*Plantes anomales monocotylédonées.*
3e. DIVISION. Plantes Acotylédonées.			2e. ORDRE.	*Plantes anomales acotylédonées.*

TABLEAU

DES FAMILLES NATURELLES,

D'après la nouvelle Méthode.

PREMIÈRE DIVISION, Plantes dicotylédonées.

Corolle monopétale, fleurs simples.

1ere. Classe, les monopétales régulières.

1er. Ordre, corolle monopétale régulière, insérée sous l'ovaire.

1ere. Famille, les solanées.

1°. Solanées, dont le fruit est une capsule.

2°. Solanées dont le fruit est une baie.

2e. Famille, les borraginées.

1°. Borraginées dont l'entrée du tube de la corolle est nue, une ou deux capsules.

2°. Borraginées dont l'entrée du tube de la corolle est nue, quatre fruits monospermes, au fond du calyce.

3°. Borraginées dont l'entrée du tube est fermée par des houppes de poils ou des écailles, quatre fruits monospermes au fond du calyce.

3e. Famille, les convolvulacées.

4e. les polémoniacées.

5e. les gentianées.

1°. Gentianées à capsule uniloculaire.

2°. Gentianées à capsule biloculaire.

6e. Famille, les apocynées.

1°. Apocynées, deux ovaires, deux follicules, graines sans aigrette.

2°. Apocynées, deux ovaires, deux follicules, graines aigrettées.

3°. Apocynées, un ovaire, une baie, ou rarement une capsule.

7e. Famille, les jasminées.

1°. Jasminées dont le fruit est une capsule ou une samare.

2°. Jasminées dont le fruit est un drupe ou une baie.

8e. Famille, les primulacées.
9e. les globulaires.
10e. les nyctaginées.
11e. les plumbaginées.
12e. les plantaginées.

2e. Ordre, corolle monopétale régulière, attachée au calyce.

1ere. Famille, les ébénacées.
2e. les rhodoracées.
3e. les éricacées ou bruyères.

1°. Ericacées à ovaire libre ou supère.
2°. Ericacées à ovaire infère ou adhérent.

4e. Famille, les campanulacées.

3e. Ordre, corolle monopétale régulière, placée sur l'ovaire.

1ere. Famille, les dipsacées.
2e. les valérianées.
3e. les rubiacées.

1°. Rubiacées à fruits monospermes accolés l'un contre l'autre, quatre étamines.

2°. Rubiacées à un fruit à deux loges monospermes, cinq étamines.

4e. Famille, les caprifoliacées.

1°. Caprifoliacées à calyce entouré de bractées, corolle monopétale, un style.

2°. Caprifoliacées à calyce entouré de bractées, corolle monopétale, point de style, trois stigmates.

3°. Caprifoliacées à calyce entouré de bractées, corolle presque polypétale, un style.

4°. Caprifoliacées à calyce sans bractées, corolle presque polypétale, un style.

Corolle monopétale irrégulière.

2e. Classe, les labiées.
3e. Classe, les personnées.

1ere. Famille, les pyrénacées.
1°. Pyrénacées à fleurs en corymbe et opposées.
2°. Pyrénacées à fleurs alternes en grappe.

2e. Famille, les acanthacées.
1°. Acanthacées à quatre étamines didynames.
2°. Acanthacées à deux étamines fertiles.

3e. Famille, les rhinanthacées.
1°. Rhinanthacées à deux étamines fertiles.
2°. Rhinanthacées à quatre étamines didynames.

4e. Famille, les bignoniées.
5e. les scrophulaires.

6e. Famille, les lobéliacées.

Corolle monopétale, fleurs composées, à anthères réunies.

4e. Classe, les sémiflosculeuses.
5e. Classe, les flosculeuses.
6e. Classe, les radiées.

Corolle polypétale régulière.

7e. Classe, les caryophyllées.
8e. Classe, les crucifères.
9e. Classe, les rosacées.
1er. Ordre, étamines insérées sous l'ovaire.

1ere. Famille, les papavéracées.
1°. Papavéracées à étamines en nombre indéterminé, anthères adnées aux filamens.
2°. Papavéracées à étamines en nombre déterminé.

2e. Famille, les renonculacées.
1°. Renonculacées à plusieurs ovaires, fruits monospermes, ne s'ouvrant point.
2°. Renonculacées à plusieurs ovaires, follicules polispermes.

5°. Renonculacées à un seul ovaire, baie à une loge polysperme.

3ᵉ. Famille, les capparidées.
4ᵉ. les savonniers.
5ᵉ. les érables.
6ᵉ. les hypéricées.
7ᵉ. les hespéridées.
8ᵉ. les méliacées.
9ᵉ. les sarmentacées.
10ᵉ. les géraniées.
11ᵉ. les malvacées.

1°. Malvacées à étamines nombreuses, réunies en un tube adhérent à la corolle, plusieurs capsules disposées circulairement, ou réunies en une seule.

2°. Malvacées à étamines nombreuses, réunies en un tube adhérent à la corolle, une capsule à plusieurs loges.

12ᵉ. Famille, les berbéridées.
13ᵉ. les tilliacées.
1°. Tilliacées à étamines réunies à la base.
2°. Tilliacées à étamines distinctes, fruit à plusieurs loges.

14ᵉ. Famille, les cistes.
15ᵉ. les rutacées.
1°. Rutacées à feuilles ordinairement opposées et munies de stipules.
2°. Rutacées à feuilles ordinairement alternes, dépourvues de stipules.
2ᵉ. Ordre, étamines attachées au calyce.

1ᵉʳᵉ. Famille, les crassulacées.
2ᵉ. les saxifragées.

1°. Saxifragées à ovaire supère, une capsule à deux pointes.

2°. Saxifragées à ovaire infère, capsule ou baie.

3ᵉ. Famille, les grossulariées.
4ᵉ. les cactes.
5ᵉ. les portulacées.
1°. Portulacées, fruit à une loge.
2°. Portulacées, fruit à plusieurs loges.

6e. Famille, les ficoïdes.
7e. les salicariées.
8e. les onagraires.

1°. Onagraires à plusieurs styles.

2°. Onagraires à un style, une capsule, étamines en nombre égal, ou moindre que les pétales.

3°. Onagraires à étamines en nombre double des pétales, un style, une capsule.

9e. Famille, les myrtées.
10e. les pommacées.
11e. les rosiers.
12e. les potentillées.
13e. les spirées.
14e. les drupacées.
15e. les sumacs.
16e. les frangulacées.

10e. Classe, les rosacées à fleurs disposées en ombelle.

1ere. Famille, les aralies.
2e. les ombellifères.

Corolle polypétale irrégulière.
11e. Classe, les polypétales irrégulières.

1ere. Famille, les delphiniées.
2e. les résédacées.
3e. les violacées.
4e. les fumariées.
5e. les polygalées.
6e. les légumineuses.

Fleurs sans corolle.
12e. Classe, les apétales à fleurs hermaphrodites.
1er. Ordre, étamines insérées sur l'ovaire.

1ere. Famille, les aristoloches.
2e. Ordre, étamines attachées au calyce.

1ere. Famille, les éléagnées.
1°. Éléagnées, cinq étamines, ou moins.
2°. Éléagnées ordinairement dix étamines.

2e. Famille, les thymélées.
3e. les laurinées.
4e. les polygonées.
5e. les chénopodées.
1°. Chénopodées, dont le fruit est une baie.
2°. Chénopodées, dont le fruit est une capsule.
3°. Chénopodées, dont les graines sont recouvertes par le calyce, cinq étamines.
4°. Chénopodées à graines recouvertes par le calyce, moins de cinq étamines.

6e. Famille, les sanguisorbées.

3e. Ordre, étamines placées sous l'ovaire.

1ere. Famille, les amaranthacées.

13e. Classe, les apétales à fleurs unisexuelles.

1ere. Famille, les cucurbitacées.
2e. les euphorbiacées.
3e. les urticées.

1°. Urticées à fleurs posées sur un réceptacle commun, fruits charnus, graines munies d'un endosperme.

2°. Urticées à fleurs solitaires, disposées en chatons ou en épis, fruits secs, endosperme nul.

4e. Famille, les amentacées.
1°. Amentacées à ovaire simple et libre, fleurs hermaphrodites.
2°. Amentacées à ovaire simple et libre, arbres dioïques.
3°. Amentacées à ovaire simple et libre, arbres monoïques.
4°. Amentacées à ovaire simple et adhérent, arbres monoïques.
5°. Amentacées à plusieurs ovaires, arbres monoïques.

5e. Famille, les conifères.
1°. Conifères à étamines renfermées dans un calyce, fruit bacciforme.
2°. Conifères à étamines portées sur des écailles, calyce nul, fruits en cône.

2e. Division, plantes monocotylédonées, fleurs sans corolle.

14e. Classe, les glumacées.

1ere. Famille, les typhacées.
2e. les cypéracées.

1°. Cypéracées à fleurs unisexuelles. plantes monoïques.
2°. Cypéracées à fleurs hermaphrodites.

3e. Famille, les graminées.
15e. Classe, les périgonées.
1er. Ordre, étamines rangées autour de l'ovaire.
1ere. Famille, les joncées.
2e. les palmiers.
1°. Palmiers à feuilles pennées.
2°. Palmiers à feuilles palmées.

3e. Famille, les asparagées.
1°. Asparagées à fleurs hermaphrodites, ovaire libre.
2°. Asparagées à fleurs unisexuelles, ovaire libre.
3°. Asparagées à fleurs unisexuelles, ovaire adhérent.

4e. Famille, les commélinées.
5e. les alismacées.
6e. les colchicacées.
7e. les liliacées.
8e. les narcissées.
9e. les iridées.

2e. Ordre, étamines insérées sur l'ovaire.

1ere. Famille, les bananiers.
2e. les balisiers.
3e. les orchidées.

Fleurs indistinctes ou peu apparentes.
16e. Classe, plantes anomales.
1er. Ordre, plantes anomales monocotylédonées.

1ere. Famille, les aroïdes.
2e. les nayades.
3e. les équisétacées.
4e. les cicadées.
5e. les rhizospermes.
6e. les fougères.

3e. Division, plantes acotylédonées.

2e. Ordre, plantes anomales acotylédonées.

1ere. Famille, les lycopodiennes.
2e. les mousses.
3e. les hépatiques.
4e. les lichens.
5e. les hypoxylons.
6e. les champignons.
7e. les algues.

Nous devons faire observer que la famille des bananiers présente une exception, en ce que son périgone n'est point à six divisions ; mais il est facile d'apercevoir que cette famille appartient plutôt à la classe des périgonées, qu'à celle des glumacées, dont elle ne présente aucun des caractères qui constituent cette classe.

Nous avons cru devoir placer de préférence dans ce tableau des familles naturelles, celles qui sont exposées au Jardin de l'Ecole de Pharmacie ; quant à celles qui ne sont point rangées dans ce tableau, on peut très-bien les faire entrer dans les classes auxquelles elles appartiennent ; ainsi la famille des protéacées se range dans la douzième classe, les apétales à fleurs hermaphrodites ; celle des sapotilliers dans le premier ordre de la première classe, les monopétales régulières ; les familles appelées les malpighiacées, les guttiers, les magnoliers, les annones, les ménispermes, peuvent se rapporter au premier ordre de la neuvième classe, les rosacées ; la famille des mélastomes appartient au deuxième ordre de la neuvième classe ; quant à la famille des térébinthacées, nous l'avons divisée, et nous avons formé une famille des sumacs avec les térébinthacées à fleurs hermaphrodites munies de corolle ; et les espèces dépourvues de corolle à fleurs unisexuelles, ont été placées dans les *amentacées*.

FIN.

www.ingramcontent.com/pod-product-compliance
Ingram Content Group UK Ltd.
Pitfield, Milton Keynes, MK11 3LW, UK
UKHW021030180726
13838UKWH00004B/1703